石油石化有害因素防护系列口袋书

氨防护

中国石油化工集团有限公司安全监管部
中国石化集团公司职业病防治中心 组织编写

中国石化出版社

内 容 提 要

本书为《石油石化有害因素防护系列口袋书》之一，在描述氨基本性质的基础上，针对石油化工行业氨可能分布的场所、易发生中毒的作业环节以及防护措施、应急救援知识等进行了详细的描述。

本书以文字加图片形式，一目了然、简明扼要，非常适合于油田、炼化、工程等企业进行员工培训使用，也可供从事安全、职业健康工作的技术和管理人员参考。

图书在版编目（CIP）数据

氨防护口袋书/中国石油化工集团有限公司安全监管部，中国石化集团公司职业病防治中心组织编写．—北京：中国石化出版社，2020.1
（石油石化有害因素防护系列口袋书）
ISBN 978-7-5114-5637-3

Ⅰ．①氨… Ⅱ．①中… ②中… Ⅲ．①氨－化学防护 Ⅳ．① TQ086.5

中国版本图书馆 CIP 数据核字 (2020) 第 005725 号

未经本社书面授权，本书任何部分不得被复制、抄袭，或者以任何形式或任何方式传播。版权所有，侵权必究。

中国石化出版社出版发行

地址：北京市东城区安定门外大街 58 号
邮编：100011　电话：(010) 57512500
发行部电话：(010) 57512575
http://www.sinopec-press.com
E-mail:press@sinopec.com
北京富泰印刷有限责任公司印刷
全国各地新华书店经销

*

787×1092 毫米 32 开本 1.5 印张 28 千字
2020 年 3 月第 1 版　2020 年 3 月第 1 次印刷
定价：20.00 元

《石油石化有害因素防护系列口袋书》
编 委 会

主　　任：王玉台
副 主 任：何怀明　周学勤
委　　员：苏树祥　傅迎春　王　坤

《氨防护口袋书》
编 委 会

主　　编：徐传海
副 主 编：苏树祥　傅迎春
编写人员：孙红曼　李　超　李晓静　傅迎春
　　　　　　李　勇　肖　霞　刘　辉　安　骁
　　　　　　韩玉红　吴梅香

前言

氨是重要的化工原料,用途很广,常用于合成氨生产、化肥制造(应用氨制造硫铵、硝铵、碳酸氢铵、尿素等化肥)、合成纤维、制革、医药、塑料、染料、树脂、化学试剂等各种有机化学工业。氨在石油工业生产中主要作冷冻剂及净化油田气使用。

氨属于高毒物品,具有很强的毒性,具有腐蚀性且容易挥发。吸入过多的氨气,严重时会引起心脏停搏和呼吸停止,危及人的生命安全。在氨的生产制造、运输、储存、使用中,如果出现管道、阀门、储罐等损坏,可造成氨泄漏,导致工作人员发生职业性急性氨中毒。因此了解、认识和掌握氨的危害及预防知识极其重要。

- 你注意过你周围的"氨"吗?
- 你了解氨吗?
- 氨有什么性质?
- 颜色、气味怎么样?
- 密度比空气大还是小?

- 会爆炸吗?
- 生活或工作中哪里可能会遇到氨?
- 你可能通过什么方式发现氨?
- 你工作环境中可能有氨吗?
- 工作中发现氨又该怎么办呢?

在本书中我们将图文并茂地一一回答这些问题。

目录

一、概述 1

二、氨的危害 8

三、氨的职业接触限值与检测、评价 12

四、氨在石化行业的分布 15

五、易发生氨中毒的作业环节 18

六、氨中毒的预防与控制 20

七、氨中毒急救相关知识 31

八、典型案例 36

一、概述

1. 氨在石油石化企业中的主要存在形式

氨在石油石化企业主要以氨气、液氨和氨水的形式存在。

英文名：Ammonia
别名：氨气（液氨）
CAS No：7664-41-7
分子式：NH_3
相对分子质量：17.03

2. 氨的理化性质

氨是三个氢原子与一个氮原子组成分子的物质，空间结构是三角锥形，是一种极性分子，分子式是 NH_3。

氨常温常压下是一种具有辛辣刺激性臭味的无色气体。相对分子质量为 17.03，比空气轻，通常泄漏后会悬浮在空气上层。氨易燃，自燃点为 651℃，燃烧（分解）产物是氧化氮和氨。氨易溶于水、乙醇、乙醚，属于高毒物质。

小贴士：

工作中不能用眼睛来判断氨气的存在

氨易爆，与空气混合，可形成爆炸性混合物，爆炸极限为 15.7%~27.4%，遇明火或高热能引起燃烧爆炸。若遇高热，容器内压增大，有开裂和爆炸的危险。

爆炸极限
15.7%~24.7%

3. 氨水

氨易溶于水、乙醇、乙醚和有机溶剂，其水溶液称为氨水，又称氢氧化铵，呈弱碱性。

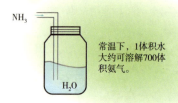

常温下，1体积水大约可溶解700体积氨气。

氨水使酚酞溶液变红，使湿润的红色石蕊试纸变蓝

氨水中存在的化学平衡：
$$NH_3+H_2O \rightleftharpoons NH_3 \cdot H_2O$$
$$NH_3 \cdot H_2O \rightleftharpoons NH_4^+ +OH^-$$

电离常数：$K=1.8 \times 10^{-5}$（25℃）

4. 液氨

液氨,又称为无水氨,是一种无色液体。通常将气态的氨气通过加压或冷却得到液态氨。液氨溢出时密度很小,蒸发迅速。

5. 氨的存储及注意事项

液氨一般采用钢制气瓶进行储存。储存于阴凉、干燥、通风良好的仓间。

小贴士:
盛装液氨的钢瓶每两年必须检验一次。满12年应予以报废。

　　液氨应远离火种、热源，防止阳光直射。不能与乙醛、丙烯醛、硼等物质共存。应与卤素（氟、氧、溴）、酸类等分开存放。配备相应品种和数量的消防器材。禁止使用易产生火花的机械设备和工具。验收时要注意品名和验瓶日期，先进仓的先发用。

炼化企业生产装置中常使用不同浓度的氨水,多储存在氨罐中。

二、氨的危害

1. 侵入途径

氨的侵入途径主要为呼吸道吸入。

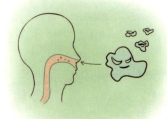

2. 健康危害

氨主要损伤呼吸系统,可伴有眼和皮肤灼伤。低浓度氨对黏膜有刺激作用,高浓度氨可引起组织溶解坏死。氨能破坏体内多种酶的活性,影响组织代谢;氨对中枢神经系统具有强烈刺激作用,可产生神经中毒。

❸ **刺激反应症状**

仅有一过性的眼和上呼吸道刺激症状,如流泪、咳嗽、咽痛、胸闷、头晕及眼和结膜充血等,肺部无明显阳性体征。

❹ **急性中毒症状**

轻度中毒:出现流泪、咽痛、声音嘶哑、咳嗽、咯痰等;眼结膜、鼻黏膜、咽部充血、水肿;胸部 X 线征象符合支气管炎或支气管周围炎。

中度中毒：上述症状加剧，出现呼吸困难、紫绀；胸部 X 线征象符合肺炎或间质性肺炎。

严重中毒：可发生中毒性肺水肿，或有呼吸窘迫综合征，患者剧烈咳嗽、咯大量粉红色泡沫痰、呼吸窘迫、瞻妄、昏迷、休克等。可发生喉头水肿或支气管黏膜坏死脱落窒息。高浓度氨可引起反射性呼吸停止。液氨或高浓度氨水可致眼灼伤；液氨可致皮肤灼伤。

误食氨水可致口腔、食管灼伤,引起胸腹疼痛、呕吐、虚脱,甚至造成食管和胃穿孔。高浓度氨水溅染皮肤可致深部灼伤,不易愈合;氨水溅入眼内则可引起结膜水肿、角膜溃疡甚至穿孔、晶体混浊。

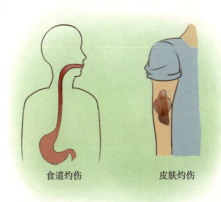

食道灼伤　　　　　皮肤灼伤

5. 慢性中毒症状

长期接触氨可有慢性眼和上呼吸道炎症表现。

三、氨的职业接触限值与检测、评价

1. 职业接触限值定义

职业接触限值，英文缩写 OLEs，是指劳动者在职业活动过程中长期反复接触某种或多种职业性有害因素，不会引起绝大多数接触者不良健康效应的容许接触水平。

职业接触限值：
- 时间加权平均容许浓度（PC-TWA）
- 短时间接触容许浓度（PC-STEL）
- 最高容许浓度（MAC）

PC-TWA：以时间为权数规定的8h工作日、40h工作周的平均容许接触浓度。

PC-STEL：在遵守PC-TWA前提下容许短时间（15min）接触的浓度。

MAC：工作地点、在一个工作日内、任何时间有毒化学物质均不应超过的浓度。

氨浓度有两种描述方式：国际上习惯用体积分数，用ppm表示；我国标准中常用质量比浓度，用mg/m³表示。

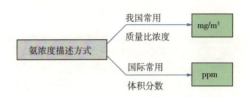

在101kPa、20℃下，氨浓度的两种描述方式ppm与mg/m³如何转算？

1ppm ≈ 0.7mg/m³

2. 氨的职业接触限值

氨的职业接触限值有时间加权平均容许浓度PC-TWA（20mg/m³）和短时间接触容许浓度PC-STEL（30mg/m³）两个。

3. 工作场所日常监测及检测

根据卫生部制定的《高毒物品目录》(卫法〔2003〕142

号文），氨属于 54 种高毒物品中的一种。

按照《使用有毒物品作业场所劳动保护条例》应每月对作业场所氨浓度进行一次监测，至少每年进行一次检测与评价，并将监测、检测结果向员工公布。

职业病危害因素监测告知牌				
工作场所	×××			
监测点名称	×××			
危害因素	接触限值	检测周期	监测结果	监测日期
氨	×××	×××	×××	×××

四、氨在石化行业的分布

氨作为原料、辅料、中间产物、产品、制冷剂、缓蚀剂、脱硝剂等,在石化行业中有较广泛的分布。

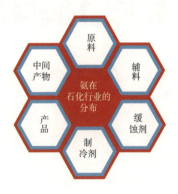

1. 油气开采与集输环节

油气集输液化气站、轻烃站、氨压机泵区、注聚站加料间。

2. 炼油化工企业

常减压装置：氨罐、注氨泵；

连续重整装置：氨压机区；

加氢裂化、加氢精制装置：热高/低分罐、冷高/低分罐、氨罐及相连级泵、低冷酸性气脱硫塔、循环氢脱硫塔等；

酮苯装置：结晶套管区、氨冷器、氨储罐、分配罐、分液罐等罐区、氨压缩机房、液氨泵等；

酸性水汽提装置：酸性水泵、酸性水脱气罐、酸性水汽提塔及塔顶回流罐等；

硫黄回收装置：酸性气分液罐、酸性气燃烧炉；

乙苯-苯乙烯装置：氨压机、阻聚剂厂房；

丙烯腈装置：原料储存及反应部分；

己内酰胺装置：氨蒸发系统、中和系统；

肟化装置：氨蒸发系统、反应系统、叔丁醇回收系统；

合成氨装置：氨泵、反应器、氨吸收、澄清槽、冷换气等；

水煤浆制甲醇煤制甲醇（烯烃）：煤气化（煤气水分离器、低闪蒸罐、灰水罐、压滤机、渣池）；一氧化碳变换分离器脱氨及氨吸收塔等；

催化裂化装置：用氨脱硝的脱硝脱氮单元。

3. 其他

使用氨的晒图室；

污水处理；

化学水处理环节：氨的加药、氨罐、氨泵；

热电装置：锅炉车间氨脱氮单元，调节锅炉给水 pH 值的氨罐及氨泵；

储运环节：氨罐、卸氨栈台、氨装车。

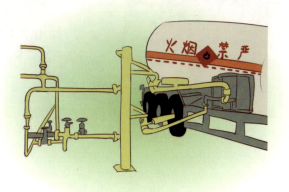

五、易发生氨中毒的作业环节

涉氨的设备管道、阀门、阀根、泵、罐等出现泄漏时。

充卸装罐环节。

六、氨中毒的预防与控制

1. 职业病防护设施

生产工艺尽可能采取机械化、自动化、密闭化方式，减少人员接触机会。

室内作业（如晒图室）应配备良好的通风设施并定期维护；加强通风排毒，使作业场所空气中氨浓度低于职业接触限值。

可能发生氨泄漏或逸散的室内工作场所，应设置事故通风装置及与事故通风系统相联锁的泄漏报警装置。事故通风

的通风量、进风口、排风口设置符合 GBZ 1 的要求。事故通风装置的开关应分别设置在室内、室外便于操作的地点。

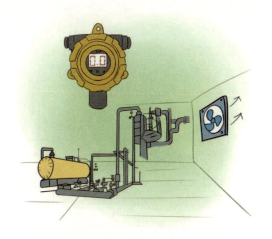

含氨介质的物料采样系统应根据物料特点,设计适宜的密闭采样设施。

氨装车采用密闭装车(船),置换的废气(水)通过回收系统回收,不得直排。

含氨污水应引入污水处理系统进行净化处理,严禁直排。

2. 应急救援设施

(1)提供安全淋浴和洗眼设备

设置位置明显,满足使用者以正常步伐不超 10s 能够顺畅到达的地方,距离危险源不超过 15m,并在同一操作面上,中间不应有障碍物。顶部或附近应设置声光报警装置,且信号宜送至控制室。给水为干净无污染水源。连续供水时间不应小于20min。给水及排水管道,在寒冷地区应采取防冻措施。当采用电热防冻时,应有可靠的接地设计及保温措施。

(2) 设置方向标

在可能发生氨急性中毒场所便于观察处设置醒目的风向标,采用高点、低点双点设置方式。

(3) 设置检测报警装置

在生产、使用氨的车间、作业场所及储氨场所按《工作场所有毒气体检测报警装置设置规范》(GBZ/T 223—2009)的有关规定设置氨气泄漏检测报警装置。建议设置预报值和警报值,预报值为PC-STEL的1/2,即21ppm,警报值为PC-STEL值,即42ppm。

a. 固定式氨报警仪

在可能发生氨泄漏的主要释放源设置固定式氨报警仪,安装高度应高出释放源0.5~2m。对工作场所氨进行实时检测,并且报警信号应发送至有人值守的控制室或现场操作室的指示报警设备,同时设置声光报警。

b. 便携式氨检测报警仪

外形小、便于携带，可扣在腰部及安全帽上，主要用于油田、炼油、化工、污水处理、污水井下作业等氨气易泄漏及积聚的场所个人应急报警。

③ 警示标识与危害告知

用人单位与劳动者订立劳动合同时，应当在劳动合同中写明工作过程可能产生的职业病危害及其后果、职业病危害防护措施和待遇（岗位津贴、工伤保险等）等内容。

在可能发生氨泄漏的场所应设置醒目的中文警示标识（当心中毒）、指令标识（戴防护眼镜、戴防毒面具、戴防护手套、穿防护服）、告知卡、红色警示线、风向标、监测结果告示牌（职业病危害因素、接触限值、监测周期、监测结果、监测日期）。

告知卡应当标明职业病危害因素名称、理化特性、健康危害、接触限值、防护措施、应急处理及急救电话等。告知卡应设置在生产使用或存在氨作业岗位附近的醒目位置。告知卡模板如下：

有毒物质　注意防护　保障健康	
氨（氨气、液氨）Ammonia	**健康危害** 可经呼吸道进入人体。主要损害呼吸系统。表现为流泪、流涕、咳嗽、胸闷，重者呼吸困难。咳粉红色泡沫样痰。液态氨可致呼吸道、皮肤、眼睛灼伤。 / **理化特性** 无色气体，有强烈刺激性及腐蚀性。易溶于水，与空气混合后遇明火可发生爆炸。与氟、氯等发生剧烈反应。
当心中毒 	**应急处理** 抢救人员穿戴防护用具，迅速将患者移至空气新鲜处，保持呼吸道通畅，去除污染衣物；注意保暖，安静；皮肤污染或溅入眼内用流动清水冲洗各至少 20min；呼吸困难者给氧，必要时用合适的呼吸器进行人工呼吸；立即与医疗急救单位联系抢救。 **防护措施** 工作场所空气中时间加权平均容许浓度（PC-TWA）不超过 $20mg/m^3$，短时间接触容许浓度（PC-STEL）不超过 $30mg/m^3$。IDLH 浓度为 $360mg/m^3$。避免直接接触液态氨。密闭、局部排风、呼吸防护。禁止明火、火花，使用防爆电气设备。钢瓶泄漏时将渗漏口朝上，防止液态气体逸出。工作场所禁止饮食、吸烟。

急救电话：ＣＣＣＣ　　　　咨询电话：ＣＣＣＣ
消防电话：ＣＣＣＣ　　　　当地职业中毒与控制机构：ＣＣＣＣ

警示线设在生产、使用氨的作业场所外缘不少于30cm处,警示线宽度不少于10cm。

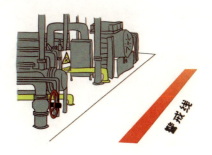

4. 个体防护措施

进入存在氨的工作场所,应携带个人防护用品及便携式氨检测报警仪。

(1) 呼吸系统防护

佩戴过滤式防毒面具,紧急事态抢救或撤离时,必须佩戴空气呼吸器。

注意所选择的过滤元件必须防护氨。防护氨及氨的有机衍生物的过滤元件为普通K型,绿色。也可以阅读滤毒盒上的文字描述来确定是否能够有效地防护氨。

同时要注意滤毒盒的使用时间,如果感到呼吸不畅或者闻到氨的气味,说明滤毒盒的过滤吸附材质已经基本没有效果,需要立即更换滤毒盒。

（2）眼睛防护

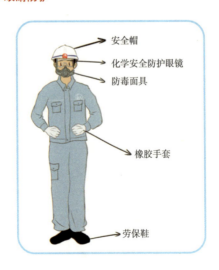

液氨泄漏时佩戴防腐蚀液喷溅的面罩或护目镜。

(3) 身体防护

● 正常生产情况下：

防静电工作服。

● 紧急情况下，如液氨大量泄漏，浓度高于500ppm：

气密性化学防护服（1-ET）。

● 紧急情况下，如液氨大量泄漏，浓度低于500ppm：

非气密型化学防护服（2-ET）。

(4) 手防护

戴橡胶手套。

(5) 其他

工作现场禁止吸烟、进食和饮水。工作完毕，淋浴更衣。保持良好的卫生习惯。

5. 职业健康监护

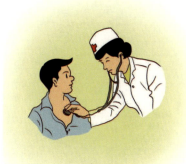

（1）职业健康检查

上岗前			
目标疾病		检查内容	
职业禁忌证	职业病	症状询问	体格检查
慢性阻塞性肺病；支气管哮喘；慢性间质性肺病		重点询问呼吸系统疾病史及相关症状	内科常规检查、必检项目（血常规、尿常规、心电图、血清ALT、胸部X射线摄片、肺功能）、选检项目（肺弥散功能）

在岗期间			
目标疾病		检查内容	
职业禁忌证	职业病	症状询问	体格检查
支气管哮喘；慢性间质性肺病	职业性刺激性化学物致慢性阻塞性肺疾病（GBZ/T 237）	同上岗前检查（1次/年）	同上岗前检查（1次/年）

应急检查		
目标疾病	检查内容	
	症状询问	体格检查
职业性急性氨气中毒（GBZ 14） 职业性化学性眼灼伤（GBZ 54） 职业性化学灼肤灼伤（GBZ 51）	重点询问短期内吸入高浓度氨气的职业接触史及眼部刺激症状，呼吸系统症状，如羞明、流泪、胸闷、气短、气急、咳嗽、咳痰、咯血、胸痛、喘息等	重点检查呼吸系统，结膜、角膜病变，鼻及咽部常规检查，皮肤科常规检查，必检项目（血常规、尿常规、心电图、胸部X射线摄片、血氧饱和度）、选检项目（血气分析）

离岗时			
目标疾病		检查内容	
职业禁忌证	职业病	症状询问	体格检查
	职业性刺激性化学物致慢性阻塞性肺疾病（GBZ/T 237）	重点询问短期内吸入高浓度氨气的职业接触史及眼部刺激症状，呼吸系统症状，如羞明、流泪、胸闷、气短、气急、咳嗽、咳痰、咯血、胸痛、喘息等	重点检查呼吸系统，结膜、角膜病变，鼻及咽部常规检查，皮肤科常规检查，必检项目（血常规、尿常规、心电图、胸部X射线摄片、血氧饱和度）、选检项目（血气分析）

（2）职业健康检查周期及要求

按照《职业健康监护技术规范》（GBZ 188）的规定，工作场所接触氨的人员在岗期间健康检查周期是一年一次。

（3）不适合从事接触氨作业的人员，包括患有以下疾病的人员：

- 慢性阻塞性肺病；
- 慢性支气管炎、支气管扩张、哮喘；
- 慢性间质性肺病。

6. 管理措施

加强职业健康培训，包含：

（1）上岗前必须接受氨防护知识的培训，熟知氨的理化特性、健康危害及其防护措施。

（2）必须熟知本岗位作业区域内氨的分布及接触氨的作业过程、可能接触浓度。

（3）进入相对封闭的泵房、加药间等场所前应先启动通风排毒设施。

（4）加强设备、管道、阀门连接处密封性维护，防止跑、冒、滴、漏。

（5）制定安全生产操作规程，严格按照操作规程操作。

七、氨中毒急救相关知识

发生氨泄漏事故时，人员迅速向上风向撤离至安全区域。

撤离过程中不宜用水浸湿的毛巾掩面，以免形成氨水灼伤皮肤。

如需进入事故现场进行紧急处置或抢救中毒人员，必须佩戴正压式空气呼吸器、穿戴防化服。

小贴士：

应急救援时必须佩戴正压式空气呼吸器。

处置人员应迅速切断泄漏源，对氨泄漏区喷水稀释、溶解。

发现中毒人员，迅速将其移至安全区域。保持呼吸道通畅。溅入眼睛，提起眼睑，用大量流动清水或生理盐水彻底冲洗至少 15~20min。脱去被污染的衣物，用 2% 硼酸液或大量清水彻底冲洗皮肤，注意保暖。

如呼吸困难,给输氧。如呼吸停止,立即进行心肺复苏。就医。

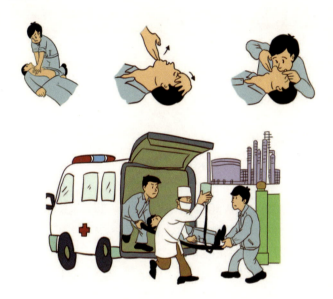

八、典型案例

2008年8月2日22时45分，某公司化肥作业部合成装置在运行过程中冷氨泵排空阀发生泄漏，造成大量氨气外泄，两名工人氨气中毒，其中1人死亡。

1. 事故经过

2008年8月2日15时40分，化肥作业部合成装置中班班长汪某接班时发现氨罐区小火炬冒氨。16时20分，经现场检查确认，造成氨罐区小火炬冒氨的原因是氨罐区冷氨泵出口总线安全阀内漏。17时左右，经作业部设备员、工艺员现场确认，安全阀内漏需要停泵处理。18时左右，汪某和祝某停氨罐区冷氨泵（编号T-GA101A），将与该安全阀相关系统切断隔离。18时20分，祝某打开冷氨泵T-GA101B排空阀（$DN80$截止阀）卸压，泄压之后，开始拆除冷氨泵出口总线安全阀，并将安全阀的进出口管道加盲板。20时03分左右作业完毕，班长汪某用"F"扳手关闭冷氨泵T-GA101B排空阀，祝某又用"F"扳手确认已关紧，随后汪某去氨罐区平台开送尿素装置切断阀，给管道充压。20时10分左右，祝某启动冷氨泵T-GA101A并开始升速，当泵出口压力达到2.8MPa时，打开泵出口阀，向后系统送冷氨，3人在现场分多次逐步开冷氨泵 T-GA101A 出口阀，20 时 30 分，将出口阀开至正常。

20 时 47 分至 21 时 56 分共有 4 个岗位 7 人次巡检时经过冷氨泵附近区域，均未发现有异常情况。22 时 45 分左右，操作工祝某从化肥中控室东门准备巡检时，发现中控室外氨罐区方向弥漫着泄漏的氨雾。22 时 50 分左右操作人员向总调度汇报并向消防支队报警，随后又电话通知电修车间化肥值班室、中心化验室、压缩岗位人员撤离。

22 时 53 分，消防支队接到电修车间化肥值班室值班员黄某的求救电话。22 时 55 分，消防支队一中队出动 11 台值勤车组织第一批救援人员赶往出事地点。

22 时 57 分，救援车辆到达外围现场，由于现场氨浓度太高，能见度低，第一批救援人员共 7 人，佩戴空气呼吸器徒步搜寻被困人员。23 时 10 分左右，第一组救援人员到达化肥中控室，得知两名被困人员在电修车间化肥班值班室，第一组救援人员立即前往营救。

23 时 12 分，第二批救援人员到达外围现场，随后安排两台消防车前往泄漏点附近驱散、稀释泄漏的氨。23 时 20 分左右，汪某和祝某身穿防化服、佩戴空气呼吸器进入泄漏区域去关闭油站平台冷氨至尿素装置的切断阀。23 时 30 分左右，第一批救援人员在电修车间化肥值班室找到两名被困人员黄某和蒋某，一名救援人员将被困人员黄某带离现场，由就近的消防车送往医院。另外两名救援人员一起抓住蒋某的手护送下楼，途中被困人员蒋某两次将手挣脱。当3人走到一楼大门口时，蒋某再次挣脱救援人员，并将一名救援人员推倒。因现场氨雾浓，能见度低，发现其已不知去向。

23时55分左右，操作工将冷氨泵T-GA101B排空阀关紧，切断泄漏源。经过稀释、清消，现场氨雾消失。

8月3日0时45分，经过1个多小时的大范围搜救后，救援人员在电修车间化肥值班室大门南侧约5m的灌木丛里发现蒋某，立即送往医院救治，终因抢救无效死亡。

2. 事故原因

（1）操作人员在重新启动冷氨泵的过程中，关阀力度不够。在运行过程中，在-33℃液氨的影响下，阀体温度发生变化，随着管线的振动，密封面逐渐松动、产生缝隙，导致氨气大量泄漏，人员中毒。

（2）设计存在缺陷，冷氨泵排空阀只有一道阀门，液氨就地排放，没有采用密闭循环、排入火炬或水吸收等措施，违反了《石油化工企业设计防火规范》的规定。

（3）应急救援不熟练，多次贻误救援时机。消防救援人员不熟悉现场，也无人员引路，从接警到找到被困人员耗时达40min；救援人员没有为被困人员准备防护器具；在救护的途中，被困人员曾两次挣脱却没有引起足够的警觉，当被困人员第三次挣脱、失散后，经过1个多小时搜寻后才发现。

（4）零散工作场所没有配备必要的气防器具。处于装置附近的检修、电气仪表等作业班组的值班室、休息室等处，没有配备必要的气防器具。

（5）人员自救意识不强，失去了逃生的宝贵时机。被困人员在接到报警通知后长达40min的时间里，电气值班室附近的环境还没有恶化到无法逃生自救的状况，却没有及时逃生。